SITZUNGSBERICHTE DER SÄCHSISCHEN AKADEMIE
DER WISSENSCHAFTEN ZU LEIPZIG

Mathematisch-naturwissenschaftliche Klasse
Band 113 · Heft 5

MANFRED GERSCH

WACHSTUM UND WACHSTUMSREGULATOREN DER KREBSE
BIOLOGISCHE ERKENNTNISSE UND GENERELLE ERWÄGUNGEN

Mit 13 Abbildungen und 1 Tabelle

AKADEMIE-VERLAG · BERLIN
1979

Vorgetragen in der Sitzung vom 21. 10. 1977
Manuskript eingereicht am 18. 4. 1978
Druckfertig erklärt am 19. 7. 1979

Erschienen im Akademie-Verlag, DDR - 108 Berlin, Leipziger Straße 3—4

Lizenznummer: 202 · 100/198/79
Gesamtherstellung: VEB Druckhaus „Maxim Gorki“, 74 Altenburg
Bestellnummer: 762 723 0 (2027/113/5) · LSV 1365
Printed in GDR
DDR 6,— M

Wachstum und Wachstumsregulatoren der Krebse
Biologische Erkenntnisse und generelle Erwägungen

Der Titel bedarf zunächst einer terminologischen Klarstellung: Es wird nicht von dem Krebs, sondern von den Krebsen, d. h. nicht über ein medizinisch-biologisches Problem, sondern über ein biologisch-zoologisches Problem gesprochen. Das Anliegen ist dabei auch nicht ausschließlich, Aussagen über die Art und Steuerung des Wachstums dieser Tiergruppe zu machen, vielmehr sollen die hierzu gewonnenen Erkenntnisse dazu dienen, das Wesen des Wirkungsprinzips dieser Wachstumssteuerung anhand der Wachstums- und Steuerungsvorgänge der Krebse zu verfolgen und zu klären. Diese Zielstellung wird am Schluß des Vortrages kurz erörtert werden.

Zunächst zu den biologischen Problemen des Wachstums und der Wachstumsregulation.

Der Begriff Wachstum, so trivial dies auch erscheinen mag, ist durchaus nicht einfach zu kennzeichnen. Er umschließt eine Reihe von biologischen Vorgängen, die für alle Organismen zutreffen, wie formative Bewegungsvorgänge, Segregation, Differenzierung, Vermehrung und Vergrößerung von Zellen und damit Zunahme der Körpergröße (was gewöhnlich im engeren Sinne unter dem Begriff des biologischen Wachstums verstanden wird). Er bezieht sich aber auch auf den Ablauf dieser Prozesse.

Für die meisten Organismen ist charakteristisch, daß das Wachstum kontinuierlich erfolgt. Im Gegensatz zu der für die meisten Tiere einschließlich des Menschen fast selbstverständlichen Kontinuität besteht für die Gliedertiere (Arthropoden), zu denen außer Insekten, Spinnen, Tausendfüßler eben auch die Krebse zählen — um hier nur die bekanntesten Tierklassen der Arthropoden zu nennen — eine Diskontinuität. Das Wachstum vollzieht sich hier in Häutungsschritten, die eng mit Entwicklung und Differenzierung gekoppelt sind. Die „Häutung“ stellt dabei nur den äußerlich in Erscheinung tretenden Schritt des gesamten, aus verschiedenen Phasen bestehenden und durch zahlreiche Prozesse ineinandergreifenden Wachstumszyklus dar.

Wachstum und Häutung der Krebse

Für den Prozeß der Häutung ist das Abwerfen der alten Schale (Exuvie) besonders augenfällig. Gleichzeitig, und das ist schon weniger gut zu beobachten, schwillt das Tier infolge aktiver Wasseraufnahme an. Die neue dünne Schale ist gegenüber der alten entsprechend größer. Diese mit der Häutung bewirkte Vergrößerung der Gestalt beruht somit darauf, daß der Körper durch Aufnahme von Flüssigkeit schwillt. Aber erst später, nachdem die mit der eigentlichen Häutung in unmittelbarer Beziehung stehenden Vorgänge abgeschlossen sind, wird das während der Häutungsphase (im engeren Sinne) aufgenommene Wasser durch Gewebeeiweiße ersetzt. Das geschieht entweder durch Zellvermehrung oder dadurch, daß der Eiweißgehalt in dem Maße zunimmt, wie der Wassergehalt in den Geweben abnimmt. Das Kriterium des Wachstums ist somit in diesem Falle die Zunahme an Gewebeprotein bzw. an Trockensubstanz, nicht aber an Körpergröße. Dieser Prozeß vollzieht sich in der sog. Zwischenhäutungsphase. Sie ist durch eine hohe Proteinsynthese beispielsweise in den Epidermiszellen gekennzeichnet, was sich experimentell am Einbau von radioaktiv markierten Aminosäuren in die Epidermis belegen läßt. Es kommt dabei zugleich zum Aufbau eines neuen Exoskeletts.

Der Auf- und Abbau des Außenskeletts steht in engem Zusammenhang mit dem Kalkstoffwechsel der Krebse. Besonders eindrucksvoll tritt dies bei den Süßwasserkrebsen in Erscheinung. Süßwasserkrebse müssen mit dem für den Aufbau ihres Kalkskeletts wichtigen Kalk sparsam umgehen, da das Außenmedium im Gegensatz zu dem der marinen Krebse wenig Kalk enthält. Das zeigt sich bei ihnen daran, daß mit Einsetzen der Vorhäutungsphase der durch den Stoffwechsel im Blut auftauchende Kalk wie vor allem der mit beginnendem Abbau des Außenskeletts frei werdende Kalk nicht einfach ausgeschieden, sondern im Körper gespeichert wird. Ein besonderer Speicherort ist der Magen, in dem sich mit fortschreitendem Vorhäutungsstadium die sog. Magensteine oder Gastrolithen bilden. An der Größe der Gastrolithen kann dann umgekehrt abgelesen werden, wieweit die Vorbereitung zur Häutung bereits vorangeschritten ist. Nach Abstreifen der alten Cuticula dient der in den Gastrolithen gespeicherte Kalk zur Wiederverkalkung des neuen zunächst dünnen Außenskeletts (Papierschalenstadium).

Aus dem bisher Gesagten geht schon hervor, daß sich der Häutungszyklus aus verschiedenen Phasen zusammensetzt. Hierfür haben sich bestimmte Buchstaben, die jeweils ein spezifisches Stadium kennzeichnen, eingebürgert: Der direkte Häutungsschritt, auch Ecdysis, wird mit E bezeichnet. Hier vollziehen sich die rasche Aufnahme des Wassers, somit die Ausdehnung des Körpers und schließlich das Abstreifen der alten Cuticula. Daran schließt mit

Stadium A ein verhältnismäßig kurzer Abschnitt unmittelbar nach Entfernung der Exuvie an. Die Exocuticula ist noch weich. Abschnitt B bildet das sog. Papierschalenstadium von 3 bis 4 Tagen Dauer. In dieser Phase erfolgt die Abscheidung der Endocuticula. Der Carapax erhärtet. Stadium C, das Zwischenhäutungsstadium, ist zeitlich gewöhnlich die längste Phase. Stadium C ist durch den harten Carapax gekennzeichnet. In dieser Zeit erfolgt im wesentlichen das Gewebewachstum, d. h. die Vermehrung der Körpersubstanz, vor allem der Proteine. Zugleich beginnt die Speicherung organischer Reservesubstanzen in der Mitteldarmdrüse. Mit dem Stadium D setzen die vorbereitenden Vorgänge für die nächste Häutung ein. Typisch hierfür ist vor allem die Sekretionstätigkeit des Epithels, das im Laufe dieser Phase die Bildung der neuen Cuticula bewirkt. Die Gastrolithenbildung der Süßwasserkrebse ist ein weiteres, gut erkennbares Charakteristikum. Im wesentlichen kann dieses Einteilungsschema auf alle höheren Krebse, die sog. Decapoden, angewandt werden.

Während sich bei den Insekten nur die Larvenstadien häuten, bestehen bei den Krebsen sehr verschiedenartige Verhältnisse. Eine Anzahl von Krebsen verhält sich so wie die Insekten. Mit der sog. Reifehäutung, mit der der Krebs die Geschlechtsreife erreicht, hören die Häutungen auf.

Bei denjenigen Krebsen, die sich noch im geschlechtsreifen Zustand häuten, können zwei Gruppen unterschieden werden. Die eine ist dadurch ausgezeichnet, daß nach der Reifehäutung zwar noch weitere Häutungen folgen, dann aber die Häutungen eingestellt werden. Die Tiere verharren nach der letzten Häutung noch längere Zeit auf dem gleichen Zustand, ohne daß die Größe weiter zunimmt. Ein typisches Beispiel dafür ist die Strandkrabbe *Carcinus maenas*. Bei der anderen Gruppe aber ist die Zahl der Häutungen unbegrenzt und wird erst durch den Tod des Krebses beendet. Die einzelnen Individuen haben daher auch eine sehr verschiedene Größe, je nach Alter, d. h. zugleich nach der Zahl der Häutungsfolgen. Daher kommt bei diesen Tieren z. T. Riesenwuchs vor. Ein gastronomisch genützter Krebs als Beispiel für diese Kategorie ständig wachsender Krebse ist der Hummer. Andere Beispiele sind der Taschenkrebs und in gewissem Maße auch unser Süßwasseredelkrebs *Astacus*.

Steuerung der Häutungsprozesse

Wir wissen, daß die verschiedenen Prozesse, die Wachstum und Häutung der Krebse bedingen, hormonal gesteuert werden. Allerdings erstrecken sich die bisherigen Kenntnisse der hormonalen Steuerung der Häutungsprozesse fast ausschließlich nur auf die sog. höheren Krebse, die Decapoden. Und es betrifft in diesem Fall auch nur die Häutungsvorgänge nach der Metamorphose, d. h. also nach Überwindung des Larvenstadiums. Nichts ist dagegen über endokrine Häutungsfaktoren bei niederen Krebsen ebensowenig wie über die der Larvenstadien bekannt.

Über die hormonale Steuerung der Krebse (eigentlich besser der Decapoden) besteht folgende Vorstellung, die auch zugleich den Ausgangspunkt für unsere eigenen Untersuchungen bildet: Ein aus den Augenstielen stammendes Hor-

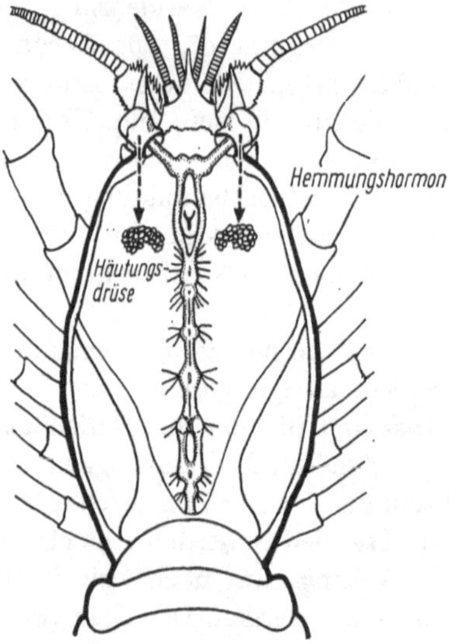

Abb. 1 Schematische Übersicht über die Vorstellung zur hormonalen Steuerung der Häutungsprozesse der Krebse (spez. der Decapoden). Ein in bestimmten Kerngebieten des Augenstiels gebildetes Neurohormon wird über die Sinusdrüse ausgeschieden und wirkt hemmend auf die Häutungsdrüse (Y-Organ = Carapaxdrüse). Wegfall des Neurohormons oder dessen experimentelle Ausschaltung durch Exstirpation der Augenstiele führt zur Aktivierung der Häutungsdrüse. Sie produziert Ecdyson, wodurch die verschiedenen Prozesse der Vorhäutung und Häutung in Gang kommen.

mon reguliert eine endokrine Drüse, die das Häutungshormon produziert und ausschüttet (Abb. 1). Die Häutungsdrüse, gewöhnlich als Y-Organ aber anschaulicher als Carapaxdrüse bezeichnet, produziert das Steroid Ecdyson, wie dies auch Kulturversuche der Drüse *in vitro* gezeigt haben (BOLLENBACHER and O'CONNOR, 1973). Offenbar wird das von der Häutungsdrüse produzierte und bald danach ausgeschüttete Ecdyson in das 20-Hydroxyecdyson (= Crustecdyson) umgewandelt. Das erfolgt in verschiedenen Geweben.

Der sog. Augenstielkomplex besteht aus Neuronengruppen, die aus dem Gehirn seitlich in den Augenstiel getreten und gedrängt sind. Das in neurosekretorischen Zellen des Medulla terminalis-X-Organs produzierte Sekret wird in Axonen zur Sinusdrüse als Speicherorgan transportiert. Von hier erfolgt der Übertritt des wirksamen Hormons in die Haemolymphe. Seinem Entstehungsort gemäß ist es also ein Neurohormon. Von besonderem Interesse ist aber seine Wirkungsweise. Es hemmt die Funktion der Häutungsdrüse und damit das Einsetzen der Häutungsphasen. Deshalb wird es als „Molt Inhibiting Hormone" (MIH) bezeichnet. Die Vorstellungen über Vorkommen und Wirkung des MIH fußen größtenteils auf der Beobachtung der Verkürzung der Zwischenhäutungsphase, wie sie experimentell nach Entfernung der Augenstiele eintritt.

Der Eintritt in die Vorhäutungsphase läßt sich entweder durch die beginnende Apolyse der alten Cuticula vom Integument oder indirekt (wie bei Flußkrebsen) an der Gastrolithenbildung erkennen. Die Erfassung der Gastrolithenbildungsrate ist dabei verhältnismäßig einfach. Sie kann durch Röntgenaufnahmen am lebenden Tier vorgenommen werden. Die Wirkung des Hemmhormons auf die Häutungsprozesse kann einerseits auf indirektem Wege an der Bildung der Gastrolithen durch die Entfernung der Augenstiele bzw. der Sinusdrüse allein nachgewiesen werden. Umgekehrt läßt sich die Wirkung des MIH auch daran erkennen, daß die Ausbildung der Gastrolithen verhindert wird, wenn man in augenstiellose Krebse Sinusdrüsen implantiert, die der durch Augenstielexstirpation einsetzenden Häutungsaktivierung mit ihren verschiedenen Teilprozessen entgegenwirken.

Die allgemeine Feststellung einer Verkürzung der Zwischenhäutungsphase bzw. der Anzeichen des Eintritts der Vorhäutungsphase deutet zwar indirekt auf die Wirkungsweise eines in den Augenstielen auftretenden Hormons mit Hemmungseigenschaften hin, genauere Aussagen über Wirkungsweise und Wirkungsort erlaubt es aber nicht. Da diese Art der Wirkung eines Hormons gegenüber der üblichen abweicht, taucht die Frage auf, ob und inwieweit hier ein besonderes Wirkungsprinzip vorliegt. Die Klärung dieser grundsätzlichen Fragestellung ist eine der beiden grundlegenden Zielstellungen dieser Untersuchungen. Die andere Zielstellung betrifft die Aufklärung des Wirkungsmechanismus des MIH auf die Häutungsdrüse; denn als unmittelbarer Wirkungsort muß die Häutungsdrüse gelten, die das Häutungshormon bildet und ausschüttet.

Die Bedeutung einer Drüse im Mandibelsegment als Häutungsdrüse wurde nun schon vor längerer Zeit durch die Ausschaltungs- und Transplantationsexperimente bei der Strandkrabbe *Carcinus maenas* bewiesen (Echalier 1954, 1955). Werden diese Drüsen, die zunächst als Y-Organe bezeichnet wurden, heute besser Carapaxdrüse genannt werden sollten, im Stadium C (Zwischenhäutungsstadium) beidseitig entfernt, dann kommt es zum Stillstand von Wachstum und Häutung. Die Krabben bleiben auf dem Zwischenhäutungsstadium stehen. Erfolgt dagegen der Eingriff zu einem Zeitpunkt, der der nächsten Häutung schon sehr nahe kommt (Stadium D_2), dann vollzieht sich zwar noch die nächste Häutung, das Tier bleibt aber auf dem folgenden Zwischenhäutungsstadium stehen. Vorausgegangen war hier offenbar noch eine kritische Phase, in der das Häutungshormon ausgeschüttet wurde. Beide Versuchsergebnisse aber lassen erkennen, daß die fehlende Häutungsdrüse die Ursache für das Einstellen weiterer Häutungen ist.

Obgleich die Bedeutung des Y-Organs als Häutungsdrüse schon seit längerem durch die erwähnten Exstirpations- und Transplantationsexperimente bei der Strandkrabbe *Carcinus maenas* bewiesen worden ist, bestanden bis in die jüngste Vergangenheit Unklarheiten über die Lokalisation und Determination der Häutungsdrüse der meisten Krebsgruppen. Verwechslungen mit anderen Organen treten mehrfach in der Literatur auf, ohne daß darauf an dieser Stelle im einzelnen eingegangen werden kann.

Für den Flußkrebs wurden erst vor zwei Jahren durch eine exakte topographische Untersuchung die Lokalisation des Y-Organs und seine Bedeutung als Häutungsdrüse sichergestellt (BURGHAUSE 1975). Dennoch treten auch hier noch grundlegende Probleme auf, wie die noch zu schildernden Untersuchungen zeigen werden. Immerhin war es dadurch möglich, gezielte Experimente über die Wirkungsweise des häutungshemmenden Hormons am Y-Organ des Flußkrebses vorzunehmen. Die experimentellen Untersuchungen erstrecken sich demnach auf zwei Zielstellungen:

1. Es sollte die Wirkungsweise des häutungshemmenden Hormons verfolgt und soweit als möglich geklärt werden. Dafür bot sich einerseits an, die Extrakte der Sinusdrüse (als Hormonquelle) oder auch aufgetrennte Fraktionen der Extrakte anhand der Beeinflussung der Bildungsrate der Gastrolithen zu überprüfen. Weiterhin wurde die direkte Wirkung des häutungshemmenden Hormons mittels der Einbaurate von ^{3}H-Leucin in das Protein des Y-Organs und von ^{3}H-Uridin in die RNS der Drüse in vitro von Tieren ermittelt, denen verschiedene Tage vorher die Augenstiele entfernt und somit das MIH ausgeschaltet worden waren.
2. Die zweite Zielstellung betraf die Funktion und Bedeutung der Häutungsdrüse. Diese Zielstellung ergab sich als ein grundlegendes Problem erst im Laufe dieser Untersuchungen selbst. Welche generellen Konsequenzen aus den Ergebnissen der beiden Fragestellungen abzuleiten sind, soll schließlich am Schluß erörtert werden. Daraus dürfte dann auch ersichtlich werden, daß die experimentellen Untersuchungen nicht ausschließlich auf die Aufklärung einer speziellen Fragestellung abzielen, sondern vielmehr grundlegende Gesichtspunkte in Beziehung zu den heute bestehenden Vorstellungen über die Regulierung des Wachstums und der Häutung betreffen.

Eigene Untersuchungsbefunde

Die Untersuchungen wurden vornehmlich an dem amerikanischen Flußkrebs *Orconectes limosus* durchgeführt. Es ist die gleiche Art, an der auch das Y-Organ als Häutungsdrüse eindeutig identifiziert wurde (Burghause 1975, Keller und Willig 1976). Nur vereinzelt wurden bei den Untersuchungen über die Ecdyson-produzierenden Organe auch der Edelkrebs *Astacus fluviatilis* mit hinzugezogen.

Der Edelkrebs *Astacus*, früher in unseren Flüssen, Bächen, Gräben, Seen und Teichen überall anzutreffen, ist heute bei uns sehr selten geworden. Durch die Krebspest, die im letzten Viertel des vergangenen Jahrhunderts von Westen her in Deutschland eindrang, ist der größte Teil des mitteleuropäischen Krebsbestandes vernichtet worden. Der Phycomycet *Aphanomyces astaci* lebt in der Epidermis und der Endocuticula der Gelenkhäute, im Bindegewebe sowie im Nervensystem. Er treibt nach dem Tode des Wirtes aus den Gelenkhäuten feine Pilzrasen ins Wasser, die der Fortpflanzung dienen, indem dadurch andere Krebse befallen werden. Daher ist der Edelkrebs jetzt nur noch sehr sporadisch in unserem Gebiet verbreitet.

Als Ersatz für den wirtschaftlichen Verlust, der durch das Aussterben entstanden ist, hat Ende des vergangenen Jahrhunderts eine Teichwirtschaft in der Neumark einen Vertreter der nordamerikanischen Gattung *Orconectes* (*Orconectes limosus*) ausgesetzt. Diese gegen die Krebspest immune Art hat sich seitdem in Brandenburg so ausgebreitet, daß der Krebs zur einheimischen Fauna gehört. Er ist in der gleichen Art von Gewässern wie der Edelkrebs zu finden, kann aber wesentlich mehr verschmutzte Gewässer als *Astacus* vertragen.

Wirkung von Sinusdrüsen-Extrakt auf die Bildung von Gastrolithen

Die Ausbildung der Gastrolithen nach Entfernung der Augenstiele ist jahreszeitlich verschieden. Nach unseren Erfahrungen beginnt die Bildung von Gastrolithen in den Monaten April bis August bereits ab 12. bis 15. Tag nach Entfernung der Augenstiele. In den Wintermonaten November bis Februar lassen sich dagegen Gastrolithen erst etwa vier Wochen nach Augenstielentfernung nachweisen. (Gersch, Richter und Eibisch 1977). Der Unterschied in der Ausbildung der Gastrolithen zwischen unbehandelten Normaltieren und augenstiellosen Individuen ist in jedem Fall deutlich.

Zur Überprüfung der unmittelbaren Wirkung des häutungshemmenden Hormons (MIH) erhielten die Versuchstiere Extrakt von Sinusdrüsen im Abstand von drei Tagen, beginnend zwölf Stunden nach Entfernung der Augenstiele, injiziert. Die durch die Augenstielentfernung induzierte Bildung von Gastrolithen wurde durch die Injektion der Sinusdrüsen-Extrakte deutlich reduziert. Das Ergebnis einer solchen Versuchsserie ist in Abb. 2 zusammengestellt. Sie zeigt, daß alle Tiere ohne Augenstiele 14 bzw. 21 Tage danach, wie zu erwarten, im Gegensatz zu den Kontrollen Gastrolithen ausgebildet haben. Dagegen sind nur bei zwei Drittel derjenigen Versuchstiere Gastrolithen ausgebildet, denen gleichzeitig zweimal Sinusdrüsen-Extrakt injiziert worden war. Bemerkenswert ist auch der Unterschied des Gastrolithen-Index zwischen der Versuchstiergruppe „Augenstielentfernung" einerseits und „Augenstielentfernung

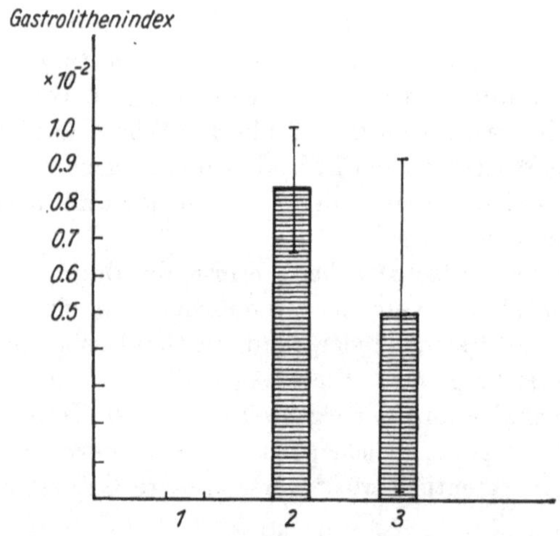

Abb. 2 Vergleich des Gastrolithenindex (= Gastrolithendurchmesser/Carapaxlänge) des Flußkrebses *Orconectes limosus*

1 Stadium C (K mit Augenstielen)

2 Von C-Tieren, denen 14 Tage vor Versuchsbeginn die Augenstiele entfernt worden waren und

3 von Versuchstieren, die ebenso wie unter 2. behandelt worden waren, die aber noch zusätzlich zweimal Sinusdrüsenextrakt (2 Paar Sinusdrüsen/10 g Krebsgewicht) injiziert erhielten.

Die Induktien der Gastrolithenbildung nach Augenstielentfernung (Säule 2) ist ebenso deutlich wie die zu beobachtende Verringerung des Gastrolithenindex nach zusätzlicher Injektion von Sinusdrüsenextrakt (Säule 3). Bei den Kontrollen (K) sind verständlicherweise keine Gastrolithen ausgebildet. Für jede der drei Kolumnen n = 6. (Nach Befunden von GERSCH, RICHTER und EIBISCH 1977)

+ Injektion von Sinusdrüsen-Extrakt" andererseits. Es sprechen also alle Befunde für eine hemmende Wirkung des Sinusdrüsen-Extraktes auf die nach Augenstielentfernung einsetzende Stimulation der Ausbildung von Gastrolithen.

Einbau von radioaktivem Leucin und Uridin in das Y-Organ *in vitro* von Versuchstieren, denen zu veschiedenen Zeiten vorher die Augenstiele entfernt worden waren

Die Ausbildung der Gastrolithen stellt zwar ein geeignetes Merkmal der einsetzenden Vorhäutungsphase dar. Das gilt vor allem auch für die experimentell induzierte Vorhäutungsphase nach Exstirpation der Augenstiele. Da es sich aber um eine Sekundärerscheinung handelt, die durch das Häutungshormon gesteuert wird, sagt sie nichts über die primäre Wirkung des häutungshemmenden Hormons (MIH) aus. Als primärer Wirkungsort kommt nach den bisherigen Erfahrungen die Häutungsdrüse (Y-Organ) in Frage.

Es wurden daher der Proteingehalt sowie die Einbauraten von markiertem Leucin und Uridin verschiedene Zeiten nach Entfernung der Augenstiele bestimmt. Schon bei der Präparation läßt sich makroskopisch erkennen, daß die Häutungsdrüse am vierten Tag nach Entfernung der Augenstiele dichter als

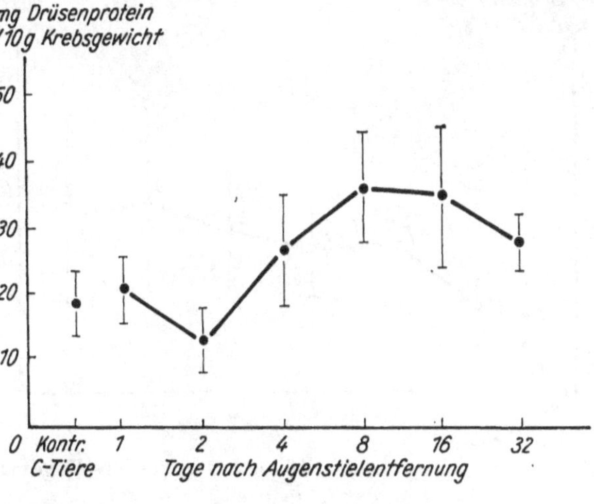

Abb. 3 Der Proteingehalt des Y-Organs vom Flußkrebs *Orconectes limosus* verschiedene Tage nach Entfernung der Augenstiele. Mit dem vierten Tage tritt eine signifikante Erhöhung des Proteins der Drüse auf. (Nach Gersch, Richter und Eibisch 1977)

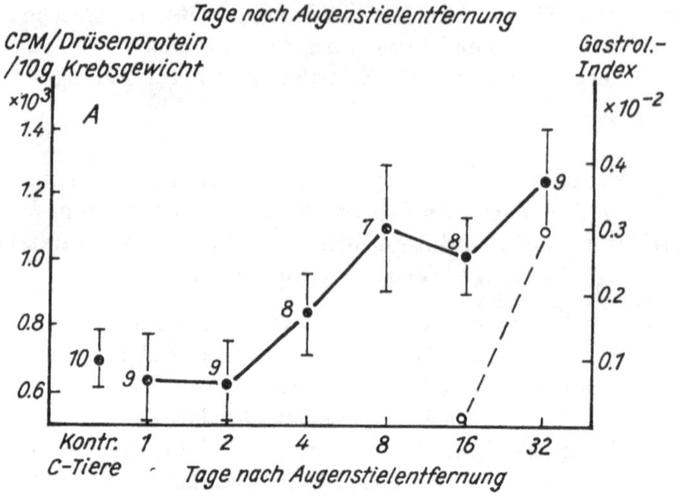

Abb. 4 a) *In-vitro*-Einbau von ^{3}H-Leucin in das Y-Organ des Flußkrebses *Orconectes limosus* verschiedene Tage nach Entfernung der Augenstiele. Inkubationszeit 4 h. Mit dem vierten Tag nach Augenstielentfernung zeigt sich eine deutliche Erhöhung der Einbaurate.

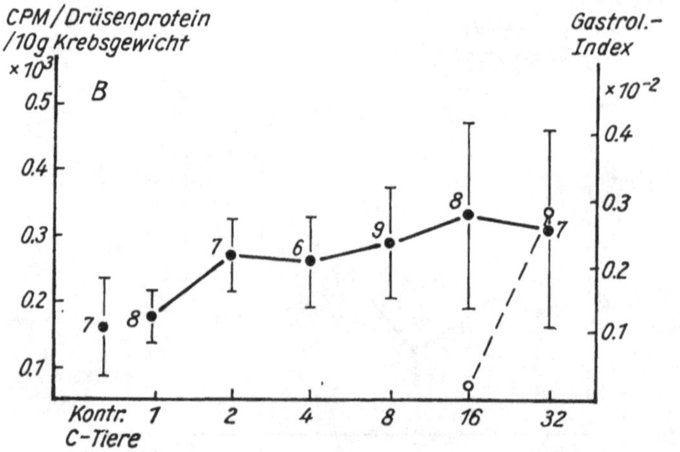

b) *In-vitro*-Einbau von ^{3}H-Uridin in das Y-Organ verschiedene Tage nach Entfernung der Augenstiele.

In beiden Diagrammen ist mit dem 16. Tage der Beginn der Gastrolithenbildung, sowie die Zunahme des Gastrolithenindex bis zum 32. Tag nach Augenstielentfernung mit eingezeichnet — — — —. (Nach GERSCH, RICHTER und EIBISCH 1977) bei Normaltieren erscheint. Die Bestimmung des Gehaltes an nichtsäurelöslichen Proteinen der Häutungsdrüse ergab bereits am vierten Tag nach Entfernung der Augenstiele eine signifikante Erhöhung des Drüsenproteins im Vergleich zu normalen C-Tieren als Kontrollen (Abb. 3). Am achten Tag erreicht die Steigerung einen Wert von 94%. Die Werte der einzelnen Bestimmungen sind trotz ihrer großen Streuung signifikant unterschiedlich. Ohne Zweifel stehen die bei der Präparation beobachtete Hypertrophie der Häutungsdrüse und die Zunahme an Drüsenprotein nach Entfernung der Augenstiele in engstem Zusammenhang.

Diese Befunde stimmen gut überein mit den Ergebnissen über die Einbaurate von ^{3}H-Leucin in vitro in die Häutungsdrüse wiederum zu verschiedenen Zeiten nach Augenstielexstirpation (Abb. 4a). Die Kurve der Einbaurate von Leucin ist fast identisch mit der des Proteingehaltes der Häutungsdrüse. Auch mit dem Einsetzen der Gastrolithenbildung am 16. Tag nach Entfernung der Augenstiele erfolgt eine weitere Erhöhung der Einbaurate.

Der Einbau von ^{3}H-Uridin in das Y-Organ in vitro vollzieht sich dagegen zeitlich nicht in der gleichen Weise, wie es nach dem Kurvenverlauf im Vergleich zu den Übereinstimmungen zwischen Proteingehalt und Leucineinbau ersichtlich wird (Abb. 4b). Zu beachten ist hierbei die relativ frühe Erhöhung des Uridineinbaus im Y-Organ nach der Entfernung der Augenstiele. Dies ist ein Anzeichen der unmittelbaren Reaktion der mit der Augenstielentfernung bewirkten Veränderung der hormonalen Kontrolle auf das Y-Organ.

Insgesamt zeigen die Versuchsergebnisse ziemlich übereinstimmend, daß die Entfernung der Augenstiele, was gleichbedeutend mit dem Ausfall des MIH ist, den Proteingehalt und die Einbauraten von markiertem Leucin und Uridin deutlich beeinflussen. Dabei sind die Art und Weise dieser Beeinflussung noch offen, was sich z. B. aus dem unterschiedlichen Kurvenverlauf der Leucineinbaurate einerseits und dem Einbau von Uridin andererseits zeigt. Dennoch deuten alle Befunde auf eine unmittelbare Wirkung des häutungshemmenden Hormons auf die Häutungsdrüse hin.

Die Wirkung von Sinusdrüsen-Extrakt auf die Einbauraten von markiertem Leucin und Uridin

Es wurde die Einbaurate in die Häutungsdrüse von Versuchstieren jeweils zwei, vier und acht Tage nach Entfernung der Augenstiele in vitro bestimmt, wobei den Kulturen der Extrakt von fünf Sinusdrüsen zugesetzt war. Als Kontrollen dienten gleichartige Kulturen jedoch ohne den Zusatz der Sinusdrüsen-Extrakte. Dabei zeigt sich sehr deutlich (Abb. 5), daß die mit der Entfernung der Augenstiele an der Häutungsdrüse induzierte Steigerung des Leucineinbaus (Kontrolle) durch den zugesetzten Extrakt von Sinusdrüsen (MIH) unter-

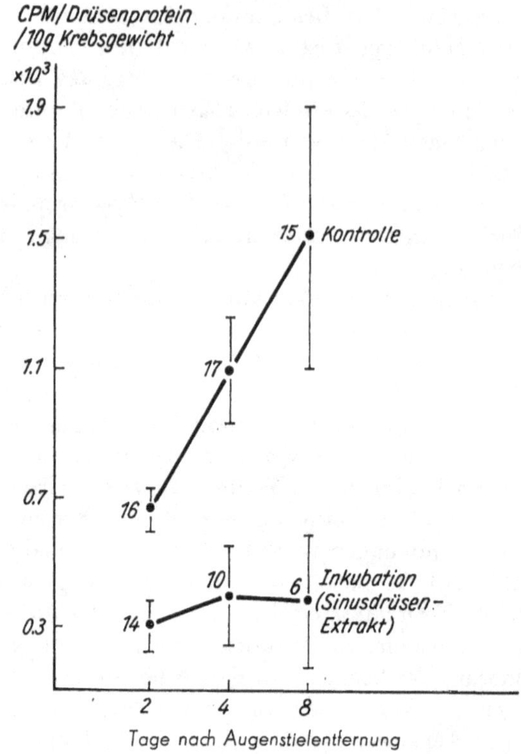

Abb. 5. *In-vitro*-Einbau von ^{3}H-Leucin in das Y-Organ des Flußkrebses *Orconectes limosus* (Inkubation 4 h) 2, 4 bzw. 8 Tage nach Entfernung der Augenstiele (Kontrolle) im Vergleich zu Drüsen, die gleichzeitig mit Extrakt von 5 Sinusdrüsen/Y-Organ inkubiert wurden. Sehr deutlich erkennbar, daß die Einbaurate von ^{3}H-Leucin in dem Ansatz mit Sinusdrüsenextrakt im Vergleich zu den Kontrollen stark herabgesetzt ist. Nach GERSCH, RICHTER und EIBISCH 1977

drückt wird. Durch diesen Extrakt wird zwar die Einbaurate von markiertem Uridin ebenfalls deutlich gesenkt. Im einzelnen bestehen aber hier zwischen den Kurven der Einbauraten von Leucin und Uridin Unterschiede. Immerhin ist für den Ablauf des Uridineinbaus sehr bemerkenswert, daß zu den beiden frühen Zeiten (2. und 4. Tag) die hemmende Wirkung des Extraktes auf den Einbau von Uridin am klarsten in Erscheinung tritt. Das erinnert umgekehrt an die besondere Steigerung des Uridineinbaus unmittelbar nach Entfernung der Augenstiele. Man geht wohl nicht fehl in der Annahme, daß die beiden antagonistischen Erscheinungen Folgen der Wirkungsweise des MIH darstellen.

Die beiden Versuchsserien des Leucin- und Uridineinbaus führen, ungeachtet gewisser Unterschiede in dem zeitlichen Ablauf, zu dem Schluß, daß die durch die Entfernung der Augenstiele ausgelöste Aktivierung der Häutungsdrüse umgekehrt durch Extrakte der Sinusdrüse wieder weitgehend aufgehoben oder reduziert wird. Beide Phänomene aber deuten auf die Wirkungsweise des häutungshemmenden Neurohormons der Sinusdrüse hin. Die bisherigen Trennungen und die sonstigen Erfahrungen lassen vermuten, daß es sich hierbei um ein Peptid handelt. Die genaue chemische Charakterisierung dieses Faktors wird noch diskutiert und noch nicht einheitlich beurteilt. Es konnten daher in den folgenden Versuchen auch nur einzelne Fraktionsbereiche der säulenchromatographisch getrennten Sinusdrüsen-Extrakte auf ihre Wirkung hinsichtlich der Einbauraten im Y-Organ geprüft werden.

Die Wirkung von Fraktionen des Sinusdrüsen-Extraktes auf die Einbauraten von markiertem Leucin und Uridin

Die Erfahrungen in den geschilderten vorausgegangenen Versuchen hatten ergeben, daß der Einbau von Leucin und Uridin bereits am zweiten Tag nach der Entfernung der Augenstiele ausgeprägt ist. Es wurden daher die drei durch säulenchromatographische Trennung des Sinusdrüsen-Extraktes gewonnenen Fraktionen an den Häutungsdrüsen von Krebsen geprüft, denen zwei Tage vorher die Augenstiele entfernt worden waren. Die drei Fraktionen waren folgende: 1. $M > 5000$, 2. $M = 5000$–1000, 3. $M < 1000$.

Jede der drei Fraktionen des Sinusdrüsen-Extraktes beeinflußt die Einbaurate von Leucin in die Häutungsdrüse *in vitro* in unterschiedlicher Weise. Von besonderem Interesse ist, daß Fraktion II den Einbau signifikant herabsetzt. Dagegen verhalten sich die Fraktionen bezüglich der Einbaurate von Uridin andersartig; denn hier wird eine Senkung durch Fraktion III beobachtet. Obgleich hierbei die Signifikanz gegenüber der Kontrolle und den Einbauraten nach Einwirkung der anderen Faktoren gesichert ist, lassen sich hieraus keine allgemeineren Schlußfolgerungen ableiten.

Die Senkung der Einbauraten, die in den beiden Versuchsserien entweder durch Fraktion II oder III erzielt wurde, steht in Übereinstimmung mit den Schlußfolgerungen, die aus den früheren Versuchsergebnissen über den direkten Einfluß hemmender Faktoren auf die Funktion der Häutungsdrüse gezogen worden sind. Dabei muß allerdings die Erklärung der speziellen Unterschiede in der Wirkung von Extrakten und Fraktionen auf den Einbau der beiden Präkursoren offen bleiben. Inwieweit das mit der Wirksamkeit von zwei Faktoren mit jeweils verschiedenen Angriffspunkten und Rezeptoren im Zusammenhang steht, bleibt zunächst ungeklärt. Die direkte Wirkung dieser unter der Bezeichnung MIH verstandenen Faktoren(gruppe?) verspricht aber auf Grund der bisherigen Befunde an der Häutungsdrüse der Krebse einer weiteren Aufklärung erfolgreich zugänglich zu sein. Damit aber ist der Weg von einer bisher fast ausschließlich nur indirekten Beobachtung zu einer direkten Feststellung der Wirkung und möglicherweise auch des Wirkungsmechanismus weitgehend geebnet. Wichtig dafür ist die genauere Kenntnis der Häutungsdrüse, ihrer Funktionsweise und ihrer Beziehung bzw. Abhängigkeit von den einzelnen Häutungsphasen. Durch *in vitro*-Untersuchungen bei Krabben ist neuerdings bekannt, daß die Häutungsdrüse Ecdyson produziert und dann unmittelbar an die Hämolymphe abgibt (SPAZANI and KATER 1973, BOLLENBACHER and O'CONNOR 1973).

Das Problem der Häutungsdrüse

Obgleich seit kurzem bei dem auch von uns verwandten Flußkrebs *Orconectes limosus* das Y-Organ als Häutungsdrüse morphologisch und physiologisch identifiziert werden konnte, wie bereits erwähnt (BURGHAUSE 1975), blieben noch weitere Angaben über hypertrophierte Epidermispartien beim amerikanischen Hummer und einigen Flußkrebsarten wie auch über sog. lymphogenes Gewebe im Antennensegment verschiedener Krebse als weitere an der Häutung möglicherweise beteiligte Gewebe ungeklärt (SOCHASKY et al. 1972, HOFFMAN 1966, 1967, CARLISLE and CONNICK 1975).

Diese Unsicherheit veranlaßte uns, dieser Frage systematisch an dem amerikanischen Flußkrebs *Orconectes limosus* und vergleichend dem Edelkrebs *Astacus fluviatilis* nachzugehen. Diese Untersuchungen führten zu der Entdeckung einer neuen, zweiten und bisher unbekannten Drüse, die das Häutungs-

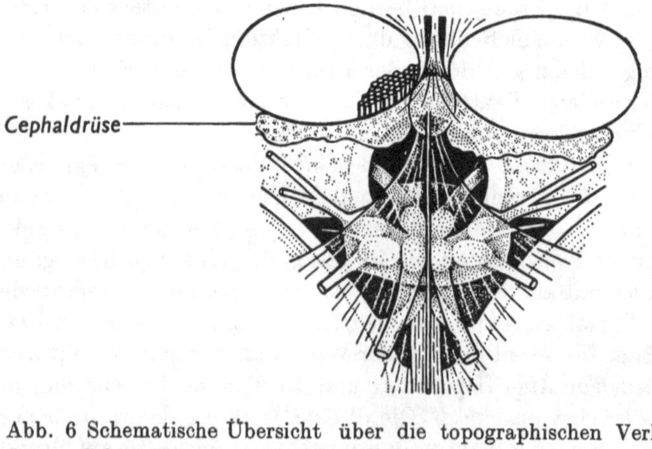

Abb. 6 Schematische Übersicht über die topographischen Verhältnisse des Cephaldrüsen-Gehirn-Komplexes bei dem Flußkrebs *Orconectes limosus*. (Nach GERSCH 1979)

hormon Ecdyson produziert und offensichtlich ebenfalls der Steuerung durch das Sinusdrüsenhormon (MIH) unterliegt. Diese Tatsachen machen es sehr wahrscheinlich, daß es sich um eine zweite Häutungsdrüse handelt.

Die Drüse liegt über dem Cerebralganglion und dem Magen (Abb. 6). Sie ist infolge der Zartheit und Durchsichtigkeit schwer von dem umgebenden Bindegewebe zu unterscheiden. Sie bildet ein lockeres aus Zelloben bestehendes Gewebe. Dabei bestimmen die dicht gelagerten Zellkerne im wesentlichen das histologische Bild (Abb. 7).

Besondere Aufmerksamkeit verdienen die histologischen Veränderungen der Drüse in unmittelbarer Beziehung zum Häutungszyklus. Im Zwischenhäutungsstadium ist die Drüse durch dicht gelagerte Kerne ausgezeichnet, während die Plasmaanteile nur gering — wenn überhaupt — in Erscheinung treten.

In den Drüsen des Vorhäutungsstadiums (d. h. also bei Tieren mit Gastrolithen) finden sich ebenfalls noch verhältnismäßig dicht angeordnete Kerne. Im Vergleich zu denen des Zwischenhäutungsstadiums sind sie aber signifikant kleiner (Tab. 1). Auffällig sind auf diesem Stadium die verhältnismäßig zahlreichen Mitosen und weiterhin das eosinophile Plasma in den Zellen.

Im elektronenmikroskopischen Bild sind der Aufbau der Drüse und die strukturellen Unterschiede zwischen den Drüsenzellen des Zwischenhäutungs- und Vorhäutungsstadiums noch bedeutend eindrucksvoller. In besonderer Weise betrifft das die Verhältnisse des Kerns und des endoplasmatischen Retikulums. Die Kerne der Cephaldrüse von Tieren im Stadium C (ohne Gastrolithen) zeichnen sich durch ein im ganzen Kernraum gleichmäßig verteiltes Chromatin aus (Abb. 8a). Dagegen ist das Chromatin in den Kernen der Cephaldrüse von Tieren im Stadium D (mit Gastrolithen) in dichten Schollen, die vornehmlich nahe der Kernmembran liegen, konzentriert (Abb. 8b). Auffällig ist auch im submikroskopischen Bild die größere Zahl von Mitosen auf diesem Stadium. Das endoplasmatische Retikulum ist in den Zellen der Drüse des Zwischenhäutungsstadiums als granuläre und agranuläre Anteile erkennbar. In den Zellen des D-Stadiums ist es aber weit mehr von Ribosomen durchsetzt. Dementsprechend ist auch das granuläre ER wesentlich stärker ausgebildet. Auch der Golgi-Apparat ist in den Drüsenzellen des D-Stadiums mehr als in denen des Zwischenhäutungsstadiums entwickelt (Abb. 9).

Ein weiteres im submikroskopischen Bereich auffallendes Strukturelement stellen elektronendichte Granula von runder, meist aber länglich-ovaler Form dar (Abb. 9). Sie kommen in verschiedenen analogen Geweben wie auch in Hämocyten von Insekten und Krebsen vor und werden dort als Cytosomen bezeichnet. Es ist wahrscheinlich, daß sie mit der Sekretionstätigkeit des jeweiligen Zelltyps in Zusammenhang zu bringen sind. In der Cephaldrüse des Stadiums C trifft man sie nur vereinzelt an. Dagegen sind sie in den Drüsen des Vorhäutungsstadiums fast in allen Zellen zu beobachten.

Besonders markant sind Zustand und Aussehen der Cephaldrüse von Individuen, die unmittelbar vor einer Häutung standen oder die Häutung gerade durchlaufen hatten. Im histologischen Schnitt macht die Drüse einen „erschöpften“ Eindruck. Die kleinen, kompakten Kerne weisen häufig pyknotische Erscheinungen auf.

Im submikroskopischen Bereich war die Auflockerung der Drüse besonders auffällig, daran vor allem erkenntlich, daß die Zellen fast völlig voneinander getrennt lagen, dazwischen verhältnismäßig weite Räume von Bindegewebe. Die im elektronenmikroskopischen Bild schollige Verdichtung der Zellkerne entspricht völlig den histologischen Feststellungen. Die Cytosomen werden hier in allen Zellen angetroffen. Neben den normalen Zellen enthalten die Loben auch Elemente mit deutlichen Degenerations- und Lysisprozessen.

Die verschiedenartigen Erscheinungen, wie sie sowohl im histologischen als auch elektronenmikroskopischen Bild der Cephaldrüse in den einzelnen Häutungsphasen auftreten, sprechen übereinstimmend dafür, daß die Drüse Veränderungen in unmittelbarer Beziehung zum Häutungszyklus erfährt.

Der Zustand der Cephaldrüse nach experimentellem Eingriff

Die Feststellung, daß die Cephaldrüse strukturelle Veränderungen in Verbindung mit den Phasen der Häutung aufweist, läßt vermuten, daß sie auch denselben Mechanismen der Steuerung unterliegt. Es wurde daher der Zustand der Drüse zu verschiedenen Zeiten nach Entfernung der Augenstiele geprüft.

Tabelle 1
Ergebnisse der Kernmessungen der Cephaldrüse

Stadium	Kerngröße μ^2 S.E. $P < 0.01$	n
Zwischenhäutung (Stadium C)	$36{,}69\mu^2 \pm 1{,}11$	528
Vorhäutung (Stadium D_1)	$28{,}52\mu^2 \pm 0{,}81$	531
Ecdysis (Stadium D_4-E)	$28{,}87\mu^2 \pm 0{,}84$	1033
Stadium C 10 Tage nach Augenstiel-Exstirpation	$48{,}86\mu^2 \pm 0{,}39$	1342
Stadium C 20 Tage nach Augenstiel-Exstirpation	$37{,}16\mu^2 \pm 0{,}73$	820

Die Untersuchungen erfolgten dabei wiederum zugleich auf histologischer und auf submikroskopischer Ebene. In histologischen Schnitten der Cephaldrüse von Krebsen, denen die Augenstiele entweder 10 oder 20 Tage vor der Präparation entfernt worden waren, traten auffälligerweise gehäuft Mitosen auf. Weitere Kennzeichen der Aktivierung stellen wohl das in der Drüse solcher Tiere sichtbar werdende eosinophile Plasma und die Vergrößerung der Zellkerne gegenüber denen normaler C-Tiere dar (Tab. 1). Auch im elektronenmikroskopischen Bild lassen sich verschiedene Veränderungen in den Kernen und des Cytoplasmas der Drüsenzellen feststellen. Hierzu zählen die elektronenmikroskopisch dichten Chromatinstrukturen in den Kernen. Sie entsprechen völlig den Verhältnissen, wie sie in den Drüsenkernen von Vorhäutungstieren (Stadium D) beobachtet wurden (S. 17). Entsprechende Veränderungen weist auch das Cytoplasma auf. Es ist reich an Ribosomen, was ebenfalls auf den experimentellen Eingriff zurückgeführt werden muß.

Es besteht offenbar auch eine (funktionelle?) Beziehung zwischen dem Y-Organ (d. h. also der „eigentlichen" Häutungsdrüse) und der Cephaldrüse. Diese Feststellung gründet sich darauf, daß die Entfernung der Y-Organe bei *Orconectes* Veränderungen an der Cephaldrüse hervorruft. Bereits kurzzeitig (10 bis 20 Tage nach Exstirpation der Y-Organe) sind diese Veränderungen zu bemerken. Das betrifft vor allem eine gewisse Auflockerung der Drüse, die es mit sich bringt, daß nun auch im histologischen Schnitt die Drüsenlobuli deutlicher voneinander abgegrenzt erkennbar sind. Diese Auflockerung ist besonders deutlich bei solchen Versuchstieren, denen die Y-Organe längere Zeit vor der Präparation (z. B. 40 oder 90 Tage) entfernt worden waren. Es kann dann zu einer sehr auffälligen Reduktion des Drüsengewebes kommen, so daß die sonst mit Drüsengewebe ausgefüllten Räume weitgehend mehr Bindegewebe aufweisen (Abb. 10). Das elektronenmikroskopische Bild zeigt diese einsetzende Auflockerung wiederum deutlich schon frühzeitig nach Exstirpation der Y-Organe (Abb. 11).

Die verschiedenen, hier nur kurz angedeuteten Erscheinungen, wie sie nach Entfernung der Y-Organe an der Cephaldrüse auftreten, sind unverkennbare Anzeichen für ihre Beeinflussung durch die Y-Organe.

Biochemische Daten der Cephaldrüse

Die histologischen und submikroskopischen Befunde sprechen zwar übereinstimmend dafür, daß die Cephaldrüse eine Rolle bei den Häutungsprozessen spielt. Eine eindeutige Aussage ergeben aber erst die biochemischen Befunde.

Die Ergebnisse stützen sich einerseits auf dünnschichtchromatographische Trennungen in Verbindung mit dem *Musca*-Test und andererseits auf Feststellungen mit Hilfe des Radio-Immun-Assay (RIA) für Ecdysteroide (Gersch,

Eibisch, Böhm und Koolman 1979). Obgleich auch andere Gewebe wie z. B. Hepatopankreas oder Hämolymphe vor allem im Vorhäutungsstadium z. T. nicht geringe Mengen von Ecdysteroiden enthalten (Chang, Sage and O'Connor 1976) läßt sich eindeutig zeigen, daß die Cephaldrüse ebenso wie das Y-Organ Ecdysteroide produziert. Das wird daran offensichtlich, daß beide Arten von Drüsen während einer 48-stündigen in-vitro Kultivierung erhebliche Mengen an Ecdysteroiden freisetzen (Abb. 12). Frisch präparierte Drüsen weisen demgegenüber wesentlich geringere Mengen von Ecdysteroiden auf. Selbst bei den geringen Syntheseleistungen der Drüsen, wie sie in Ringer-Kulturen im Gegensatz zu den Kulturen mit dem Parker-Medium auftraten, ließ sich nach dünnschichtchromatographischer Trennung am *Musca*-Test eine eindeutig positive Wirkung beobachten. Die Ergebnisse nach experimenteller Entfernung der Augenstiele hierbei deuten darauf hin, daß auch die Cephaldrüse der endokrinen Kontrolle des Augenstiel-Sinusdrüsen-Systems in ähnlicher Weise wie die Y-Organe unterstehen.

Aus den jetzt vorliegenden experimentellen Ergebnissen kristallisieren sich zwei Problemkreise von grundlegender Bedeutung heraus: Erstens die Frage nach der Wirkungsweise des MIH und zweitens die Vorstellungen über die Regulation der Häutungsprozesse nach den neuen Befunden der verschiedenen Ecdysteroide produzierende Drüsen.

Der für die Krebse charakteristische Regulationsmechanismus mittels des MIH ist nicht allein für Krebse kennzeichnend. Bei den Myriapoden besteht ein analoger Regulationsmechanismus der Häutung. Totale Entfernung der Kopfregion fördert die Auslösung der Häutung, weil dadurch außer neurosekretorischen Bereichen des Gehirns die Cerebraldrüse entfernt wird (Joly 1963, Scheffel 1969). Sie sind der Produktions- bzw. Speicherort eines Hemmhormons, das hier ebenfalls auf eine Häutungsdrüse einwirkt und sie nach Wegfall zur Bildung des Häutungshormons veranlaßt.

Die hemmende Wirkung durch Neurohormone ist seit längerem zumindest in ihrer allgemeinen Wirkungsweise bei einer Reihe von Tiergruppen bekannt (Gersch 1964). Bei Planarien sind sie an der Steuerung von Regenerationsprozessen beteiligt. Bei Nemertinen und Polychaeten kontrollieren sie Geschlechtsprozesse. Der dabei vorliegende Wirkungsmechanismus auf zellulärer Ebene konnte besonders gut am Ablauf der Spermiogenese von *Nereis* aufgeklärt werden. Das im Cerebralganglion gebildete Neurohormon greift hier hemmend auf die Synthese der Nukleinsäuren während der Meiose ein. Sein Ausfall bewirkt daher, wie *in-vitro*-Untersuchungen ergaben, Beschleunigung der Meiose und der Spermiogenese.

Die Befunde über die Wirkungen des Extraktes von Sinusdrüsen sowie über die der Fraktionen II und III lassen noch keine zwingenden Schlüsse zur zellulären Wirkungsweise des hemmenden Agens der Sinusdrüse auf die Häutungs-

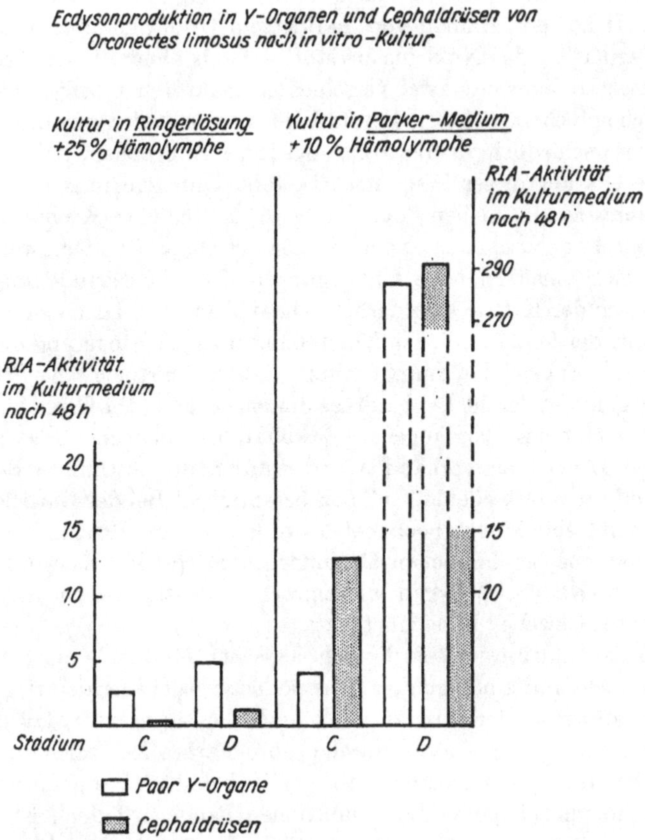

Abb. 12. Übersicht über die Produktion von Ecdysteroiden im Y-Organ und vergleichsweise in der Cephaldrüse von *Orconectes limosus*. Das Diagramm zeigt einerseits die Ecdysteroid-Produktion der beiden Drüsentypen von Versuchstieren verschiedener Häutungsstadien (Stadium C, Stadium D 25–27 Tage nach Augenstielentfernung) andererseits nach Kultur der Drüsen in verschiedenen Medien (Ringer- oder Parker-Medium). Es ist erkennbar, daß die Produktion beider Drüsentypen im Stadium D größer als in Stadium C ist. Gleichzeitig ist ersichtlich, daß die Drüsen im Parker-Medium (das außer den erforderlichen Salz-Ionen auch alle erforderlichen Nähr- und Zusatzstoffe enthält) wesentlich mehr Ecdysteroid produzieren als in den Ringer-Kulturen. Die Bestimmung der Ecdysteroide erfolgte mittels Radio-Immunassay. Nach Gersch, Eibisch, Böhm und Koolman 1979

drüse zu. Sie deuten aber auf einen Einfluß auf das genetische Substrat hin. Die Unterschiede der Wirkung von Fraktion II auf den Leucineinbau und von Fraktion III auf den Einbau von markiertem Uridin könnten andeuten, daß an der Regulation des Nukleinsäurestoffwechsels einerseits und des Proteinstoffwechsels andererseits zwei verschiedene Faktoren beteiligt sind. Hierfür würde auch sprechen, daß Leucin und Uridin nach Entfernung der Augenstiele zeitlich unterschiedlich in die Häutungsdrüse eingebaut werden. Allerdings bedarf die Klärung dieser Frage noch weiterer Untersuchungen.

Der Nachweis, daß neben dem Y-Organ, das für viele Krebse als typische Häutungsdrüse anzusehen ist, noch ein anderes Organ existiert, welches Ecdyson produziert, machen neue Überlegungen über die Regulierung der Häutungsprozesse der Krebse erforderlich. Diese Tatsachen lassen sich nicht ohne weiteres mit der herkömmlichen Vorstellung über die Steuerung der Häutung in Einklang bringen. Es kommt hinzu, daß die histologische Struktur des Y-Organs nicht mit der der Cephaldrüse übereinstimmt. Die Cephaldrüse besitzt den Charakter eines lymphogenen Gewebes. Lymphogene Gewebe sind bei zahlreichen Decapoden vorhanden und wurden für bestimmte Bereiche des Magens und an verschiedenen Gefäßen beschrieben. Bei der Garnele *Pandalus dannae* scheint ein Gewebe beobachtet worden zu sein (HOFFMAN 1966, 1967), das der von uns beschriebenen Cephaldrüse entspricht. Es wurde zunächst irrtümlicherweise als Y-Organ angesprochen, später jedoch indifferent als „lymphogenes Gewebe“ bezeichnet.

Für die Cephaldrüse treffen die histologischen Merkmale zu, die für dieses Organ wie auch für die bei anderen Decapoden angegebenen derartigen Gewebepartien angeführt werden. Hierzu zählt auch die Eigenschaft, daß die Cephaldrüse wie andere lymphogene Gewebe saure Farbstoffe speichern. Mehrfach wurde daher früher geschlossen, daß es sich bei dem lymphogenen Gewebe um Bereiche mit phagocytären Funktionen handele. Jedoch ist damit das Kriterium einer ausschließlich phagocytären Funktion nicht hinreichend bewiesen.

Die Häutungsdrüse der Chilopoden, ursprünglich als „Lymphstränge“ bezeichnet, zeichnen sich ebenfalls durch das Vermögen aus, chinesische Tusche oder saure Farbstoffe wie z. B. Trypanblau selektiv zu speichern (SCHEFFEL 1969). Sie sind jetzt als Häutungsdrüsen erkannt worden (SEIFERT und ROSENBERG 1974). Einen ähnlichen histologischen Aufbau zeigen die paarigen endokrinen Kopfdrüsen des Chilopoden *Scutigera coleoptrata*, die gleichfalls als Häutungsdrüsen angesehen werden (ROSENBERG 1973, 1974). Der Vergleich verschiedener analoger Gewebe bei verschiedenen Arthropodenklassen zeigt somit, daß die lymphogene Natur, wie sie auch für die Cephaldrüse zutrifft, nicht die Möglichkeit ausschließt, als ein Ecdyson-produzierendes Organ zu fungieren.

Es führen die histologischen Befunde der Cephaldrüse, ihre in enger Beziehung zu dem Häutungszyklus auftretenden histologischen Veränderungen sowie der Vergleich ihres lymphogenen Gewebes mit ähnlichen Organen bei anderen Krebsen und bei Chilopoden zu der Schlußfolgerung, daß die Cephaldrüse als Häutungsdrüse tätig ist. Besonders gravierend dafür ist der Nachweis der Produktion von Ecdysteroiden in der Cephaldrüse.

Mit der hieraus abzuleitenden Möglichkeit, daß im Gegensatz zu der herkömmlichen Vorstellung von der endokrinen Häutungskontrolle der Krebse außer dem Y-Organ noch ein zweites Organ der gleichen Funktion existiert, würden sich die bisher unerklärlichen Befunde bei dem Krebs *Pachygrapsus* verstehen lassen (Charmantier-Daures und Vernet 1974). Nach Entfernung der Y-Organe erfolgen hier weitere Häutungen, was sich mit der bisherigen Vorstellung der Häutungskontrolle nicht vereinbaren läßt.

Die Vorstellung der hormonalen Steuerung der Entwicklung der Arthropoden im Lichte neuer experimenteller Tatsachen

Genauere Kenntnisse über die Steuerung von Wachstum und Häutung der Arthropoden erstrecken sich nach wie vor im wesentlichen auf Krebse und Insekten.

Ein Vergleich der Häutungskontrolle von Krebsen und Insekten ist von allgemeinerem Interesse, und zwar sowohl was die bisherigen Kenntnisse und Vorstellungen betrifft, als auch in bezug auf die neuen Befunde und ihre daraus abzuleitenden Überlegungen. Wie seit langem bekannt, wird in beiden Fällen das Häutungsgeschehen durch ein übergeordnetes Neurohormon ausgelöst. Es wird bei den Krebsen in Neuronen des Augenstiels gebildet und über die Sinusdrüse ausgeschieden. Bei den Insekten erfolgt die Bildung in sekretorischen Neuronen des Gehirns und die Freisetzung über die Corpora cardiaca. In beiden Fällen steuert das jeweilige Gehirn eine Drüse, für die die Produktion von Ecdyson in *in-vitro*-Versuchen nachgewiesen worden ist. Das betrifft das Y-Organ der Krebse ebenso wie die Prothoracaldrüse der Insekten, wie es in früheren Abschnitten bereits erwähnt wurde.

Von generellem Interesse ist dabei die Art und Weise der Steuerung der Häutungsdrüse von Krebsen und Insekten durch das jeweilige übergeordnete Neurohormon, wie es nach der bis jetzt allgemein angenommenen Vorstellung gesehen und interpretiert wird. Danach hemmt das übergeordnete Neurohormon aus den Augenstielen von Krebsen die Abgabe des Häutungshormons. Sein Wegfall führt zur Aktivierung der Häutungsdrüse und damit zur Abgabe des Häutungshormons Ecdyson. Bei Insekten dagegen stimuliert das übergeordnete Neurohormon aus dem Gehirn-Corpora cardiaca-Komplex die Funktion der Häutungsdrüse (= Prothoracaldrüse). Seine Aktivität leitet dabei die

Häutungsprozesse überhaupt erst ein. Beides sind wahrscheinlich Peptide. In beiden Fällen wird dadurch die Produktion des Häutungshormons Ecdyson gesteuert, einmal durch die Anwesenheit, zum anderen umgekehrt durch den Wegfall des jeweiligen Neurohormons.

Diese bisher allgemein angenommene Gegensätzlichkeit in der Wirkungsweise der das Wachstum kontrollierenden peptidergen Neurohormone von Insekten und Krebsen scheint jedoch durch einen ganz andersartigen hormonalen Wirkungsantagonismus, der für beide Klassen der Arthropoden zutreffen würde, bestimmt zu sein. Das deuten einige ganz neue Befunde an.

Für die Krebse ist schon seit langem außer dem hier unbestrittenen „molt inhibiting hormone" das Vorkommen eines die Häutung stimulierenden Hormons behauptet worden. Für die Insekten weisen einige Tatsachen aus allerjüngster Zeit darauf hin, daß neben dem Stimulationshormon wahrscheinlich auch ein hemmender neurohormonaler Faktor an der Steuerung der Häutungsdrüse beteiligt ist (vgl. GERSCH 1978).

Die Annahme eines häutungsfördernden Hormons bei Krebsen stützt sich auf die Beobachtung, daß sowohl intramuskuläre Injektion von Augenstielextrakten als auch die Verfütterung von Augenstielen an Garnelen nicht — wie nach der Vorstellung der Hemmwirkung zu erwarten — zu einer Verlängerung der Zwischenhäutungsphase, sondern im Gegenteil zu einer Erhöhung der Häutungsrate führen. Die Testung einzelner Bereiche der Augenstiele läßt vermuten, daß im sog. Papillen-X-Organ wie auch im X-Organ der Medulla terminalis der Augenstiele ein häutungsfördernder Faktor enthalten ist, der z. T. in Analogie zu den Wirbeltierhormonen als Somatotropin bezeichnet wurde.

Ein neuester Befund bei dem Flußkrebs *Orconectes limosus* ist im Grunde auch nur mit der Annahme eines die Häutung fördernden Faktors zu erklären. Die Injektion einer Fraktion von Augenstielextrakten führte nicht zur Unterdrückung der Gastrolithenbildung als Ausdruck der Hemmwirkung auf die Häutungsprozesse, sondern im Gegenteil zu ihrer signifikanten Vergrößerung als Zeichen der einsetzenden Häutungsvorbereitung (Abb. 13).

Für Krebse ist die Frage eines häutungsfördernden Hormons neben dem vor allem diskutierten Hemmhormon immerhin schon lange im Gespräch, wenngleich niemals exakt weiter verfolgt worden. Dagegen sind die jetzt bei Insekten auftauchenden Hinweise dieser Art neu und überraschend. Besondere Aufmerksamkeit verdient eine Feststellung, die bei Larven der Wachsmotte *Galleria mellonella* gemacht wurde. Werden die Ganglien der ersten beiden Brustsegmente exstirpiert, so tritt eine Beschleunigung der Puppenhäutung ein. Sie ist zurückzuführen auf die mit der Exstirpation vollzogenen Ausschaltung einer normalerweise wirksamen (und vermutlich hormonalen) Hemmung der Häutungssteuerung. Die Kontrolle der Häutungsdrüse scheint hier einerseits durch das stimulierende sog. „Gehirnhormon" und andererseits durch einen aus den Ventralganglien stammenden Hemmfaktor zu erfolgen.

Die Hemmwirkung von Extrakten der Pro- und Metathoracalganglien konnten wir auch an der Senkung des Einbaus von ^{3}H-Uridin in die Prothoracaldrüse von *Galleria*-Larven nachweisen. Zwar ist diese Feststellung zunächst als vorläufiges Ergebnis zu bewerten, weil die Zahl der Versuche noch verhältnismäßig gering ist (jeweils vier für Inkubation von Pro- bzw. Metathoracalganglien). Dieses Ergebnis entspricht der Senkung der RNS-Syntheserate, wie sie an der Prothoracaldrüse der Schabe *Periplaneta americana* in vitro durch Extrakte des Bauchmarks erzielt wurde.

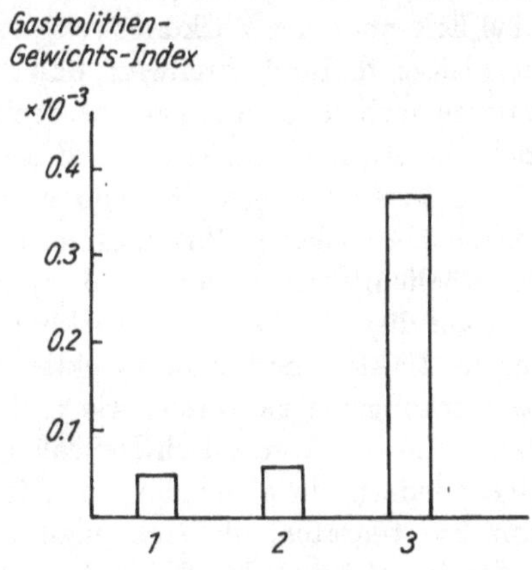

Abb. 13 Der Gastrolithenindex von Exemplaren des Flußkrebses *Orconectes limosus*, denen 5mal Sinusdrüsenextrakt injiziert worden war, ist hier erhöht (Säule 3). Das bedeutet, daß eine Steigerung der Häutungsbereitschaft erzielt wurde, die auf einen häutungsfördernden Faktor hindeutet. Das Zusammenspiel zwischen dem Häutungshormon und einem möglichen, aber bisher nur wenig erforschten häutungsanregenden Hormon ist dabei allerdings völlig unklar. Nach unveröffentlichten Befunden von Richter und Eibisch

1 Kontrolle (ohne Injektion),
2 nach Injektion von Ringerlösung, gleichfalls ohne Wirkung,
3 nach Injektion von Sinusdrüsenhomogenat in Ringerlösung

Obgleich die hier genannten ersten experimentellen Daten durch weitere Tatsachen ergänzt und vertieft werden müssen, lassen sie doch ein Prinzip der Steuerung der Wachstumsprozesse erkennen, das auch die auffällige und bisher recht unerklärliche Gegensätzlichkeit der hormonalen Steuerung von Insekten und Krebsen in ganz anderer Weise auflöst. Es besteht nämlich offenbar bei beiden Gruppen ein Antagonismus in der hormonalen Steuerung zwischen einem fördernden und einem hemmenden Hormon. In dem einen Fall, bei den Insekten, war die Aufmerksamkeit bisher ausschließlich durch das die Aktivität der Häutungsdrüse stimulierende Hormon, das sog. „brain hormone" in Anspruch genommen. Im Falle der Krebse richtete sich dagegen das Interesse fast allein auf die Wirkung des Hemmhormons aus den Augenstielen. Für dieses unterschiedliche Interesse ist sicherlich im einen wie im anderen Falle die Zugänglichkeit des jeweiligen Systems in erster Linie als bestimmend anzusehen. Außerdem ist das Erkennen der Wirkungsweise zweier antagonistischer Faktoren in beiden Tierklassen dadurch erschwert, daß die Aktivität des einen Faktors durch den anderen mehr oder weniger überdeckt oder beeinträchtigt wird, wenn nicht gezielt die Aufmerksamkeit auf dieses Phänomen gerichtet und dementsprechend die Versuchsanordnung von vornherein darauf eingestellt wird. Die Erkenntnis eines solchen Wirkungsmechanismus ist von großer Bedeutung, wenn nach Möglichkeiten gesucht wird, in den Steuerungsmechanismus einzugreifen, um auf diese Weise die Entwicklung zu beeinflussen bzw. zu kontrollieren, wie es als Zielstellung für die Insekten angestrebt wird.

Der antagonistische Wirkungsmechanismus, wie er bei der Steuerung des Wachstums von Krebsen und Insekten durch Neurohormone in Erscheinung tritt, ist nicht einmalig, sondern ein allgemein verbreitetes Wirkungsprinzip der Neurohormone von Evertebraten, obgleich diese Tatsache bisher kaum ernsthaft beachtet worden ist. Beispiele hierfür sind die Steuerung des Wasserhaushaltes verschiedener Insekten durch ein diuretisches und ein antidiuretisches Hormon. Die Steuerung des physiologischen Farbwechsels der Krebse wird gewöhnlich durch ein die Expansion der Chromatophoren bewirkendes und ein die Kontraktion veranlassendes Neurohormon bewerkstelligt. An der Steuerung der Herztätigkeit der Insekten sind ein stimulierendes und ein hemmendes Neurohormon beteiligt, sofern man die Befunde an der Schabe *Periplaneta americana* verallgemeinern darf.

Ein zweites generelles Problem der Steuerung von Wachstum und Häutung ist mit durch den Befund entstanden, daß die Cephaldrüse der Flußkrebse ein weiteres Organ neben dem sog. Y-Organ darstellt, das das Häutungshormon Ecdyson produziert. Es ist allerdings zum gegenwärtigen Zeitpunkt weniger angebracht, durch vielleicht noch so geistvolle Spekulationen sich vorzustellen, wie es sein könnte, sondern eher durch überlegt und sinnvoll angestellte Experimente, die Natur zu befragen, wie es in Wirklichkeit ist.

Die allgemeine Bedeutung dieser hierbei aufgeworfenen Frage für das Verständnis der Regulation der Wachstums- und Entwicklungsprozesse nicht allein für Krebse wird aber daraus ersichtlich, daß neuerdings auch bei Insekten eine ganz entsprechende Problematik aufgetaucht ist. Seit über 50 Jahren besteht hier die allgemein angenommene Auffassung, daß die Prothoracaldrüse der alleinige Ort der Produktion des Häutungshormons ist. Wir haben schon vor einigen Jahren festgestellt, daß eine Synthese der Häutungshormone Ecdyson und Ecdysteron im Hinterleib geschnürter Schmetterlingspuppen erfolgt, bei denen also die Beteiligung der Häutungsdrüse ausgeschlossen ist. Neuerdings konnte bei Schaben, denen die Häutungsdrüsen exstirpiert worden waren, ebenfalls nachgewiesen werden, daß noch Häutungshormone gebildet werden. Das zeigt sich übrigens auch daran, daß sich solche Individuen z. T. mehrfach weiter häuten. Ganz neuerdings wurde von mehreren Arbeitsgruppen die überraschende Feststellung gemacht, daß das Häutungshormon Ecdyson im Ovar zahlreicher Insektenarten in verhältnismäßig großen Mengen produziert wird. Diese verschiedenen neuen Tatsachen sind mit der klassischen Auffassung von der endokrinen Steuerung der Wachstumsprozesse nicht in Einklang zu bringen. Es ist im Gegenteil hier wie für die Verhältnisse bei den Krebsen die Schlußfolgerung unumgänglich, daß das Häutungshormon auch außerhalb der eigentlichen Häutungsdrüse gebildet werden kann. Diese Tatsache aber bedeutet, daß die bisher gültigen Annahmen über die Regulation der Häutung für beide Tierklassen (und vermutlich generell für die Arthropoden) neu zu überdenken sind.

So hat also eine zunächst nur zur Nachuntersuchung und eigenen Einarbeitung begonnene und unternommene experimentelle Arbeit bei Krebsen zu ganz unerwarteten neuartigen Ausblicken geführt, die den Anstoß geben, eine neue Konzeption der Steuerung von Wachstum und Häutung der diskontinuierlich wachsenden Arthropoden zu entwickeln. Diese Tatsachen und die daraus abzuleitenden Konsequenzen sind aber nicht nur von theoretischem und speziell biologischem Interesse. Sie sind auch bedeutungsvoll für die Wege, die einzuschlagen sind, um in die Entwicklungsprozesse einzugreifen und somit die Vorgänge experimentell zu beeinflussen.

Literatur

Bollenbacher, W. E. and J. D. O'Connor: Production of ecdysone by crustacean Y-organs *in vitro*. Amer. Zool. **13** (1973), 1274

Bollenbacher, W. E., W. Goodman, W. V. Vedeckis, and L. I. Gilbert: The *in vitro* synthesis and secretion of α-ecdysone by the ring glands of the fly, *Sarcophaga bullata*. Steroids **27** (1976), 309–324

Burghause, F.: Das Y-Organ von *Orconectes limosus* (Malacostraca, Astacura). Z. Morph. Tiere **80** (1975), 41–57

Carlisle, D. B. and R. O. Connick: Crustecdysone (20-hydroxyecdysone): site of storage in the crayfish *Orconectes propinquus*. Canad. J. Zool. **51** (1973), 417–420

Chang, E. S. and J. D. O'Connor: The secretion of α-ecdysone by crab Y-organ *in vitro*. Proc. Nat. Acad. Sci. USA **74** (1977), 615–618

Chang, E. S., B. S. Sage, and J. D. O'Connor: The characterization of circulating ecdysone titers in the crab *Pachygrapsus crassipes*. Colloques Intern. C.N.R.S. No. 251 „Actualités sur les hormones d'invertebres", Villeneuve 1975, 263–271 (1976)

Chang, E. S., B. A. Sage, and J. D. O'Connor: The qualitative and quantitative determinations of ecdysones in tissues of the crab, *Pachygrapsus crassipes*, following molt induction. Gen. Comp. Endocrin. **30** (1976), 21–33

Charmantier-Daures, M. et G. Vernet: Nouvelles données sur le rôle de l'organe Y dans le déroulement de la mue chez *Pachygrapsus marmoratus* (Décapode, Grapsidé). Influence de la régénération intensive. C. R. Acad. Sci. Paris **278** (1974), 3367–3370

Echalier, G.: Recherches expérimentales sur le rôle de l'organe Y dans la mue de *Carcinus moenas* (L.) crustacé décapode. C. R. Acad. Sci. Paris **238** (1954), 523–525

Echalier, G.: Rôle de l'organe Y dans le déterminisme de la mue de *Carcinides* (*Carcinus*) *moenas* (L.) (crustacés décapodes): Expériences d'implantation. C. R. Acad. Sci. Paris **240** (1955), 1581–1583

Gersch, M.: Vergleichende Endokrinologie der wirbellosen Tiere, Leipzig 1964

Gersch, M.: A new endocrine gland in the antennal segment of the crayfishes *Orconectes limosus* and *Astacus astacus* Gen. Comp. Endocrinol. (im Druck)

Gersch, M.: Hormonale und humorale Steuerung durch neurosekretorische Peptide. In: Probleme der Korrelation neuronaler und endokriner Regulation bei Evertebraten, Friedrich-Schiller-Universität Jena, (1978), 8–31

GERSCH, M. und H. BIRKENBEIL: The ultrastructure of a hitherto unrecognized gland, the cephalic gland in the head of *Orconectes limosus* which produces ecdysteroids (Cephalic gland) (im Druck)

GERSCH, M., H. EIBISCH, G.-A. BÖHM, and J. KOOLMAN: Ecdysteroids production by the cephalic gland of the crayfish *Orconectes limosus*. (im Druck)

GERSCH, M., K. RICHTER und H. EIBISCH: Untersuchungen zur Kennzeichnung und zur Wirkung des Häutungs-Hemmhormons aus der Sinusdrüse (molt-inhibiting hormone = MIH). Zool. Jb. Physiol. **81** (1977) 133–152

HOFFMAN, D. L.: Notes on the Y-organ (ecdysial gland) of the caridean decapod, *Pandalus danae* Stimpson. Canad. J. Zool. **44** (1966), 769–771

HOFFMAN, D.: L. The structure of lymphogenous tissue of a caridean shrimp previously described as Y-organ (molting gland). Canad. J. Zool. **45** (1967), 886–889

JOLY, R.: Régulation endocrine de la mue chez les myriapodes chilopodes. Gen. Comp. Endocrinol. **3** (1963), 708

KELLER, R. und A. WILLIG: Experimental evidence of the molt controlling function of the Y-organ of a macruran decapod, *Orconectes limosus*. J. Comp. Physiol. **108** (1976), 271–278

ROSENBERG, J.: Eine bisher unbekannte endokrine Drüse im Kopf von *Scutigera coleoptrata* L. (Chilopoda, Notostigmophora) Experientia **29** (1973), 690–691

ROSENBERG, J.: Topographie und Ultrastruktur der endokrinen Kopfdrüsen (Glandulae capitis) von *Scutigera coleoptrata* L. (Chilopoda, Nostostigmophora). Z. Morph. Tiere **19** (1974), 311–321

SCHEFFEL, H.: Untersuchungen über die hormonale Regulation von Häutung und Anamorphose von *Lithobius forficatus* (L.) (Myriapoda, Chilopoda). Zool. Jb. Physiol. **74** (1969), 436–505

SOCHASKY, J. B., D. E. AIKEN, and N. H. F. WATSON: Y-organ, molting gland and mandibular organ: a problem in decapod crustacea. Canad. J. Zool. **50** (1972), 993–997

SPAZIANI E. and S. B. KATER: Uptake and turnover of cholesterol-^{14}C in Y-organs of the crab *Hemigrapsus* as a function of the molt cycle. Gen. Comp. Endocrin. **20** (1973), 534–549

SITZUNGSBERICHTE DER SÄCHSISCHEN AKADEMIE DER WISSENSCHAFTEN ZU LEIPZIG

MATHEMATISCH-NATURWISSENSCHAFTLICHE KLASSE

Band 107

Heft 1 Prof. Dr. OTT-HEINRICH KELLER, Die Homologiegruppen der Flächen 3. Ordnung
1965. 15 Seiten – 8° – M 2,30

Heft 2 Prof. Dr. FRANZ RUNGE, Grignard und die nach ihm benannte Synthese
1966. 17 Seiten – 3 Abbildungen – 8° – M 2,30

Heft 3 Prof. Dr. KARL SCHMALFUSS, Zur Kenntnis der Bodenbildung
1966. 13 Seiten – 4 Tabellen – 8° – M 1,40

Heft 4 Dr. BODO RENSCHUCH, Verallgemeinerungen des Bezoutschen Satzes
1966. 41 Seiten – 8° – M 4,50

Heft 5 Prof. Dr. med. ROLF EMMRICH, Realität und Theorie des Alterns
1966. 20 Seiten – 9 Abbildungen – 8° – M 2,60

Heft 6 Prof. Dr. WILHELM MAIER, Nichteuklidische Volumina
1967. 20 Seiten – 16 Abbildungen – 8° – M 2,80

Heft 7 Dr. LOTHAR VON WOLFERSDORF, Zur Berechnung optimaler Strategien für Spiele über dem Einheitsquadrat mit an der Hauptdiagonalen unstetigen Auszahlungsfunktionen
1968. 53 Seiten – 8° – M 5,70

Band 108

Heft 1 Prof. Dr. PAUL GÖRLICH / Dipl., Phys. DETLEF GÜLDNER / Dr. HANS-JOACHIM POHL, „Elektronische Spektralmessung" mit steuerbaren Photovervielfachern
1967. 12 Seiten – 9 Abbildungen – 1 Tabelle – 8° – M 2,10

Heft 2 Prof. Dr. MANFRED GERSCH, Neuroendokrinologie der Insekten
1968. 33 Seiten – 12 Abbildungen – 1 Kunstdrucktafel – 8° – M 4,–

Heft 3 Prof. Dr. HASSO ESSBACH, Die Bedeutung der Morphologie in der Heilkunde
1968. 16 Seiten – 1 Textabb. – 13 Abb. auf 8 Kunstdrucktaf., davon 11 vierfarbig – 8° – M 12,80

Heft 4 Prof. Dr. OTT-HEINRICH KELLER, Über eine Definition von S. Lefschetz in der topologischen Schnitttheorie 1969. 29 Seiten – 1 Abb. – 8° – M 4,20

Heft 5 Prof. Dr. WOLFGANG TUTSCHKE, Das Reziprozitätstheorem für eine Klasse pseudoholomorpher Funktionen mehrerer komplexer Variabler 1969. 19 Seiten – 8° – M 3,30

Heft 6 Prof. Dr. WALTER BREDNOW, Von Lavater zu Darwin
1969. 31 Seiten – 14 Abbildungen im Anhang – 8° – M 5,50

Heft 7 Prof. Dr. FRANZ RUNGE, Organische Disulfimide in Wissenschaft und Technik
1970. 24 Seiten – 2 Abbildungen – 8° – M 3,60

Band 109

Heft 1 Prof. Dr. ERICH RAMMLER, Über die Theorien der Braunkohlenbrikettentstehung
1970. 38 Seiten – 13 Abb., davon 2 auf 2 Tafeln – 8° – M 4,–

Heft 2 Prof. Dr. WOLFGANG TUTSCHKE, Stammfunktionen komplexwertiger Funktionen
1970. 20 Seiten – 8° – M 3,70

Heft 3 Dr. habil GÜNTHER EISENREICH, Zur Syzygientheorie und Theorie des inversen Systems perfekter Ideale und Vektormodule in Polynomringen und Stellenringen 1970. 88 Seiten – 8° – M 10,80

Heft 4 Prof. Dr. med. ROLF EMMRICH, Hochdruck und Hyperlipidämie (Hypercholesterinämie) als Risikofaktoren für die Entstehung der Arteriosklerosen
1971. 23 Seiten – 10 Abbildungen – 4 Tabellen – 8° – M 3,90

Heft 5 Prof. Dr. HANS DRISCHEL, Biologische Rhythmen
1972. 57 Seiten – 31 Abbildungen – 1 Tabelle – 8° – M 6,60

Heft 6 Prof. Dr.-Ing. Dr. h. c. KURT SCHWABE, Konzentrierte Elektrolytlösungen – Thermodynamische und kinetische Eigenschaften 1972. 49 Seiten – 27 Abbildungen – 2 Tabellen – 8° – M 7,50

Heft 7 Prof. Dr. WOLFGANG TUTSCHKE, Konstruktion von globalen Lösungen mit vorgeschriebenen Singularitäten bei partiellen komplexen Differentialgleichungssystemen 1972. 24 Seiten – 8° – M 4,50

Band 110

Heft 1 Prof. Dr. h. c. PAUL GÖRLICH, Über die Laser und ihre Anwendung
1972. 24 Seiten – 8° – M 2,30

Heft 2 Prof. Dr. HASSO ESSBACH, Zum Problem der Tumoren im Kindesalter
1972. 24 Seiten – 11 Abbildungen auf 10 Kunstdrucktafeln – 8° – M 6,–

Heft 3 Prof. Dr. med. WALTER BREDNOW, Zur Anthropologie des Schwindels
1973. 17 Seiten – 2 Abbildungen auf 2 Kunstdrucktafeln – 8° – M 2,50

Heft 4 Prof. Dr. Dr. h. c. PAUL GÖRLICH, Betrachtungen über den Wissenschaftlichen Gerätebau
1972. 39 Seiten – 8° – M 3,–

Heft 5 Prof. Dr. ERICH RAMMLER, Einige Betrachtungen über Erdgas
1974. 43 Seiten – 8 Abbildungen – 3 Tabellen – 8° – M 4,50

Heft 6 Prof. Dr. GUSTAV E. R. SCHULZE, Zur Rolle des Einfachheitsprinzips im physikalischen Weltbild
1974. 23 Seiten – 4 Abbildungen – 8° – M 2,50

Heft 7 Prof. Dr. med. ROLF EMMRICH, Zwischen Leben und Tod. Ärztliche Probleme der Thanatologie
1974. 22 Seiten – 2 Abbildungen – 4 Tabellen – 8° – M 3,50

Band 111

Heft 1 Prof. Dr. WILHELM MAIER, Vom Erbe Bernhard Riemanns 1975. 16 Seiten – 8° – M 2,50

Heft 2 Prof. Dr. med. HANS DRISCHEL, Organismus und geophysikalische Umwelt
1975. 50 Seiten – 25 Abbildungen – 1 Tabelle – 8° – M 7,–

Heft 3 Prof. Dr. MARIA HASSE, Zum Begriff des allgemeinen Produkts von Kategorien
1975. 32 Seiten – 8° – M 5,–

Heft 4 Prof. Dr.-Ing. Dr. h. c. KURT SCHWABE, Analytische Probleme des Umweltschutzes
1975. 28 Seiten – 9 Abbildungen – 2 Tabellen – 8° – M 3,50

Heft 5 Prof. Dr. WOLFGANG BUCHHEIM, Die kopernikanische Wende und die Gravitation
1975. 36 Seiten – 2 Farbtafeln – 8° – M 5,–

Heft 6 Prof. Dr. HERMANN BERG, Photopolarographie und Photodynamic
1975. 19 Seiten – 2 Abbildungen – 2 Tabellen – 8° – M 3,–

Heft 7 Prof. Dr. MANFRED GERSCH, Probleme der Insektizide aus heutiger Sicht
1976. 36 Seiten – 9 Abbildungen – 2 Tabellen – 8° – M 4,–

Band 112

Heft 1 Prof. Dr. WALTER BREDNOW, Spiegel, Doppelspiegel und Spiegelungen – eine „wunderliche Symbolik" Goethes 1975. 28 Seiten – 4 Abbildungen – 8° – M 3,–

Heft 2 Prof. Dr. ARTUR LÖSCHE, Über negative absolute Temperaturen. Eine Einführung
1976. 26 Seiten – 12 Abbildungen – 8° – M 4,–

Heft 3 Prof. Dr. med. HERBERT JORDAN, Kurorttherapie: Prinzip und Probleme
1976. 31 Seiten – 10 Abbildungen – 1 Tabelle – 8° – M 4,50

Heft 4 Prof. Dr. FRIEDRICH WOLF / Dr. PETER FRÖHLICH, Zur Druckabhängigkeit von Ionenaustauschreaktionen 1977. 13 Seiten – 6 Abbildungen – 1 Tabelle – 8° – M 2,–

Heft 5 Prof. Dr. DIETRICH UHLMANN, Möglichkeiten und Grenzen einer Regenerierung geschädigter Ökosysteme 1977. 50 Seiten – 20 Abbildungen – 2 Tabellen – 8° – M 6,50

Heft 6 Prof. Dr. ERICH RAMMLER, Zwei Jahrzehnte Entwicklung des Einsatzes der Energieträger Kohle und Erdöl im Weltmaßstab 1977. 29 Seiten – 6 Abbildungen – 4 Tabellen – 8° – M 4,–

Heft 7 Prof. Dr. ULRICH FREIMUTH, Umweltprobleme in der Ernährung
1977. 32 Seiten – 3 Abbildungen – 4 Tabellen – 8° – M 4,–

Band 113

Heft 1 Prof. Dr. ERICH LANGE. Allgemeingültige Veranschaulichung des II. Hauptsatzes
1978. 22 Seiten – 10 graph. Darst. – 8° – M 4,–

Heft 2 Prof. Dr. HERBERT BECKERT, Bemerkungen zur Theorie der Stabilität
1977. 19 Seiten – 8° – M 2,50

Heft 3 Prof. Dr. KLAUS DÖRTER, Probleme und Erfahrungen bei der Entwicklung einer intensiven landwirtschaftlichen Produktion im Landschaftsschutzgebiet des Harzes
1978. 20 Seiten – 6 Abbildungen, davon 4 farbige – 2 Tafeln – 2 Tabellen – 8° – M 7,–

Heft 4 Prof. Dr. HANS DRISCHEL, Elektromagnetische Felder und Lebewesen
1978. 31 Seiten – 14 Abbildungen – 2 Tabellen – 8° – M 5,–

Heft 5 Prof. Dr. MANFRED GERSCH, Wachstum und Wachstumsregulatoren der Krebse. Biologische Erkenntnisse und generelle Erwägungen. *(Vorliegendes Heft)*

Heft 6 Prof. Dr. rer. nat. FRIEDRICH WOLF / Dr. rer. nat. URSULA KOCH, Über den Einfluß der chemischen Struktur von Dispersionsfarbstoffen auf deren Dispersionsstabilität.
1979. 24 Seiten – 3 Abbildungen – 10 Tabellen – 8° – M 3,50

Einzel- oder Fortsetzungsbestellungen durch eine Buchhandlung erbeten
Sitzungsberichte bis Band 106
durch das Zentralantiquariat der Deutschen Demokratischen Republik, Leipzig,
ab Band 107 durch den Akademie-Verlag, Berlin, zum Teil noch lieferbar

AKADEMIE-VERLAG
DDR-108 Berlin, Leipziger Str. 3–4

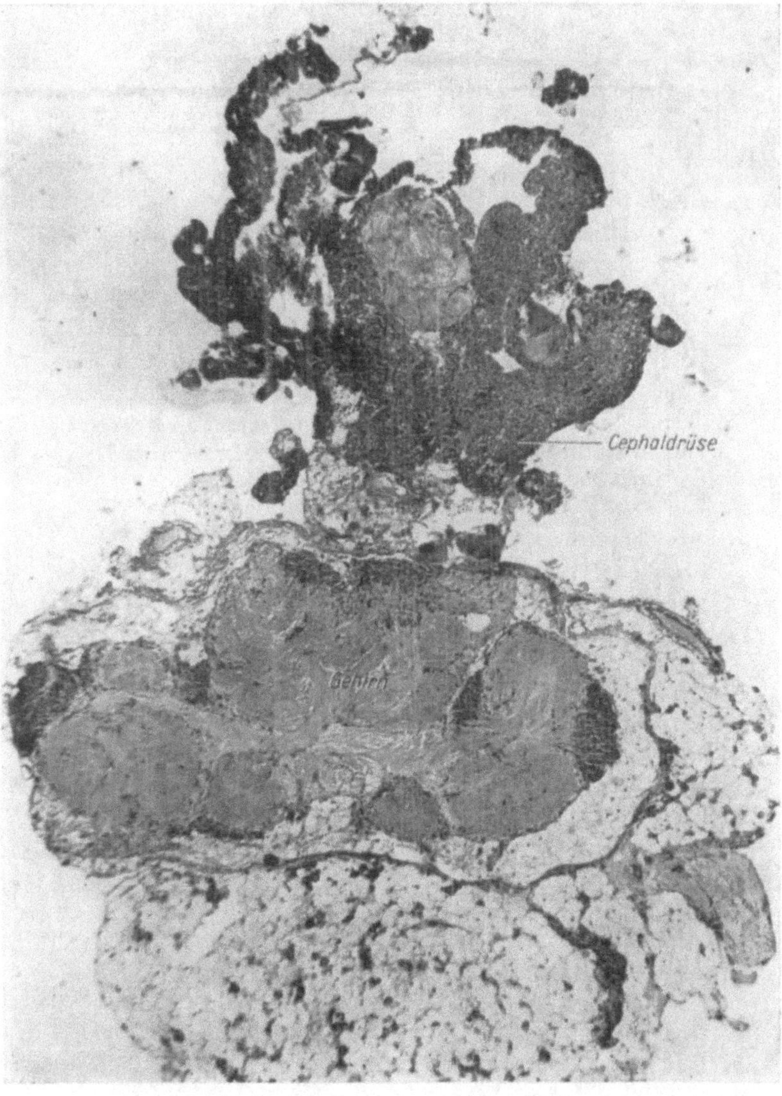

Abb. 7 Frontalschnitt im Bereich Cephaldrüse-Cerebralganglion von *Orconectes limosus*. Die Ausdehnung der Cephaldrüse ist auf einem Schnitt nicht völlig zu erfassen. Dennoch gewinnt man einen gewissen Eindruck von den Ausmaßen der Drüse im Vergleich zum Gehirn. Nach GERSCH 1979

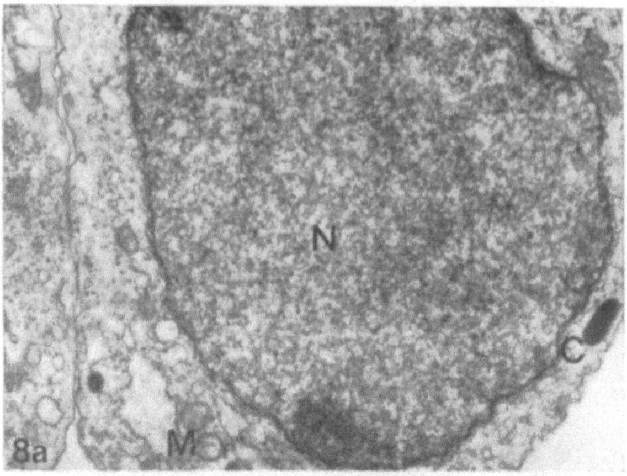

Abb. 8a) Elektronenmikroskopische Aufnahme eines Zellkerns, Teilstück der Cephaldrüse von *Orconectes limosus* im Zwischenhäutungsstadium (Stadium C). Der Kern ist mit einem fein granulierten Inhalt ausgefüllt.

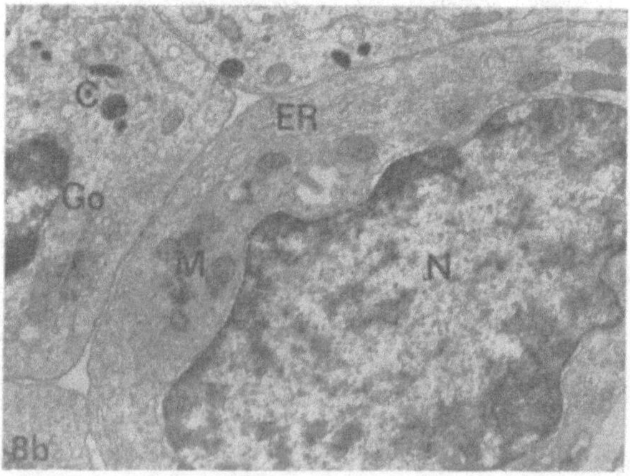

Abb. 8b) Kern der Cephaldrüse von einem Tier im Vorhäutungsstadium (Stadium D). Charakteristisch ist das jetzt im Kernraum schollenmäßig verteilte Chromatin. Nach GERSCH und BIRKENBEIL 1979

TAFEL III

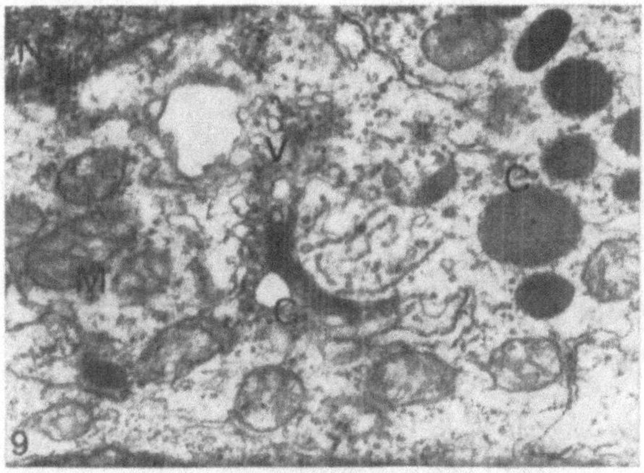

Abb. 9 Elektronenmikroskopischer Anschnitt einer Zelle der Cephaldrüse von *Orconectes limosus* (Stadium D). Man beachte die im Cytoplasma verteilt liegenden Cytosomen (C), G – Golgi-Apparat, N – Nucleus, V – Vesikel. Nach GERSCH und BIRKENBEIL 1979

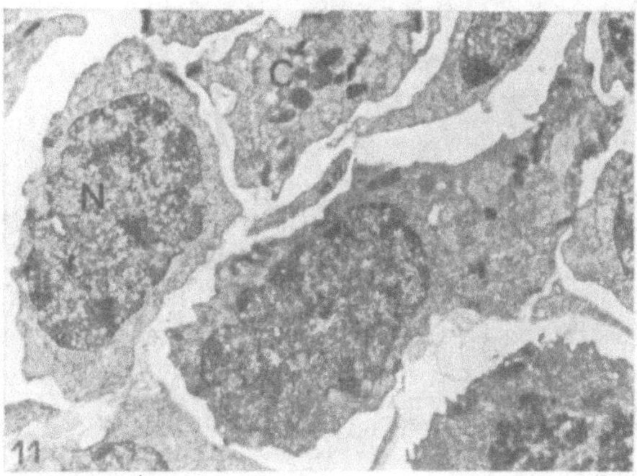

Abb. 11 Elektronenmikroskopisches Bild einer Cephaldrüse von einem Flußkrebs (*Orconectes limosus*), dem 21 Tage vorher die Y-Organe entfernt worden waren. Die Auflockerung der Drüse ist hier ebenfalls nachweisbar. Nach GERSCH und BIRKENBEIL 1979

TAFEL IV

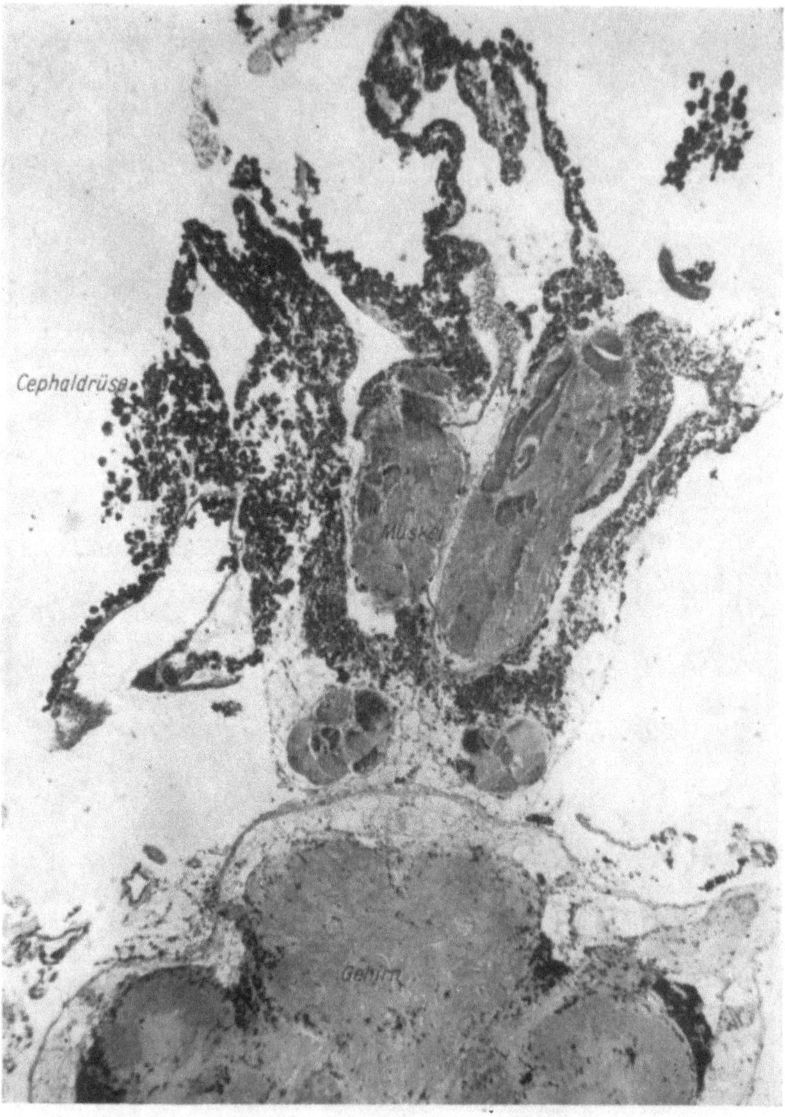

Abb. 10 Histologie der Cephaldrüse eines Versuchstieres (*Orconectes limosus*), dem drei Monate vor der Präparation die beiden Y-Organe entfernt worden waren. Der Einfluß dieses Eingriffes auf die Cephaldrüse ist an der Auflockerung und der mehr oder weniger ausgeprägten Reduktion des Drüsengewebes erkennbar. Nach GERSCH 1979

FSC
www.fsc.org
MIX
Papier | Fördert gute Waldnutzung
FSC® C083411

Zeitfracht Medien GmbH
Ferdinand-Jühlke-Straße 7
99095 Erfurt, Deutschland
produktsicherheit@kolibri360.de